BEI GRIN MACHT SICH IHR WISSEN BEZAHLT

- Wir veröffentlichen Ihre Hausarbeit,
  Bachelor- und Masterarbeit

- Ihr eigenes eBook und Buch -
  weltweit in allen wichtigen Shops

- Verdienen Sie an jedem Verkauf

Jetzt bei www.GRIN.com hochladen
und kostenlos publizieren

Gregor Gruschka

Die Flüsse energetischer Neutralatome in der inneren Heliosphäre

GRIN Verlag

Bibliografische Information der Deutschen Nationalbibliothek:

Die Deutsche Bibliothek verzeichnet diese Publikation in der Deutschen National-
bibliografie; detaillierte bibliografische Daten sind im Internet über http://dnb.d-
nb.de/ abrufbar.

Impressum:

Copyright © 2008 GRIN Verlag GmbH
Druck und Bindung: Books on Demand GmbH, Norderstedt Germany
ISBN: 978-3-640-33171-0

Dieses Buch bei GRIN:

http://www.grin.com/de/e-book/126996/die-fluesse-energetischer-neutralatome-
in-der-inneren-heliosphaere

Die Flüsse energetischer Neutralatome in der inneren Heliosphäre

Masterarbeit
im
Studiengang

"Master of Education"

an der Fakultät für Physik und Astronomie
der Ruhr-Universität Bochum

von
Gregor Gruschka

Bochum 2008

Inhaltsverzeichnis

Kapitel 1

Einführung

> *„Die erste und oberste von allen Sphären ist die der Fixsterne, die sich selbst und alles andere enthält.(...) Es folgt als erster Planet Saturn, der in dreißig Jahren seinen Umlauf vollendet. Hierauf Jupiter mit seinem zwölfjährigen Umlauf. Dann Mars, der in zwei Jahren seine Bahn durchläuft. Den vierten Platz in der Reihe nimmt der jährliche Kreislauf ein, in dem, wie wir gesagt haben, die Erde mit der Mondbahn als Epizykel enthalten ist. An fünfter Stelle kreist Venus in neun Monaten. Die sechste Stelle schließlich nimmt Merkur ein, der in einem Zeitraum von achtzig Tagen seinen Umlauf vollendet. In der Mitte von allen aber hat die Sonne ihren Sitz.* "[1] (Kopernikus 1543)

Diese Erkenntnissse von *Nikolaus Kopernikus* und im weiteren Verlauf der Geschichte von *Galileo Galilei* erschütterten das so genannte *ptolemäische Weltbild*. Jahrhunderte lang war die Menschheit der Meinung gewesen die Erde wäre der zentrale Punkt unseres Sonnensystems. Durch die Forschung von Kopernikus und Galilei wurde diese Vorstellung widerlegt und durch die neue heliozentrische Anschauung wurde die Sonne als Zentrum des Sonnensystems etabliert. Mittlerweile weiß man, dass sich die Planeten des Sonnensystems auf Kepler'schen Bahnen um die Sonne bewegen und, dass das Sonnensystem um das Zentrum der Milchstraße kreist. Die Sonne und das Sonnensystem waren in der Vergangenheit und sind auch in der Gegenwart ein zentraler astrophysikalischer Forschungsbereich, der bei weitem noch nicht vollständig untersucht werden konnte.

1.1 Die Heliosphäre

Die Sonne bewegt sich mit ca. 25 km/s relativ zum *lokalen interstellaren Medium* (LISM) und mit diesem gemeinsam mit ca. 220 km/s um das Zentrum der Milchstraße. Das aus neutralem Gas, geladenen Teilchen, Molekülen und Staub bestehende LISM wird dabei vom, von der Sonne mit einer Geschwindigkeit von 300 - 800 km/s radial nach außen strömenden, *Sonnenwind* (SW) - ein ionisiertes Plasma bestehend aus Protonen, Elektronen und einem kleineren Anteil Alphateilchen - verdrängt. Der dynamische Druck des sich ausbreitenden Sonnenwindes nimmt dabei mit größer werdender Distanz zur Sonne ab, bis dieser gerade den Druck des LISM ausgleicht, so dass

---

[1]Vgl.: Kopernikus, N.: *De Revolutionibus Orbium Coelestium*, Nürnberg 1543.

sich eine Blase von ca. 200 - 300 AU Durchmesser (1 AU = 1 astronomical unit = $1,496 \cdot 10^{13}$ cm = mittlerer Abstand Erde-Sonne)[2] innerhalb des LISM bildet, die als *Heliosphäre* bezeichnet wird.[3] Die Wechselwirkungen zwischen LISM und SW formen, so die Modellvorstellung, drei Grenzschichten (vgl. Abbildung 1.1).

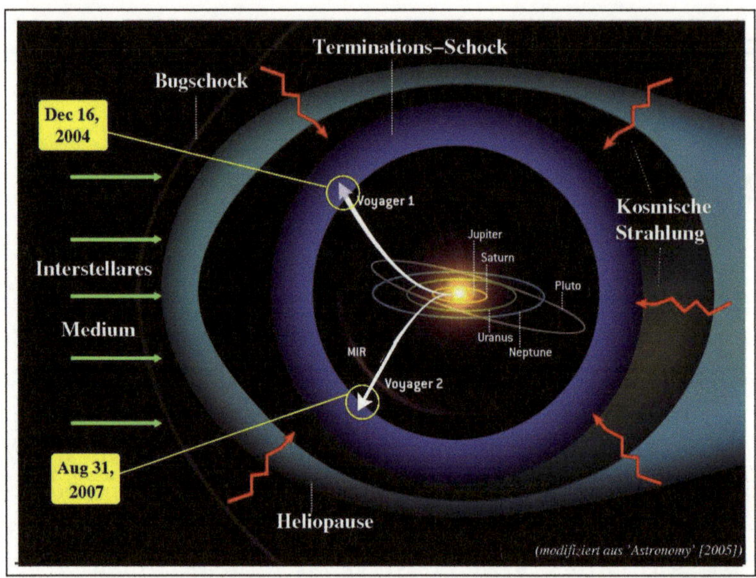

Abbildung 1.1: Derzeitige Auffassung über das Aussehen der Heliosphäre anhand der aktuellen Modelle. Die drei Grenzschichten der Heliosphäre, Termination Shock, Heliopause und Bugschock sind deutlich zu erkennen, genauso wie die Trajektorien der beiden *Voyager*-Sonden. Ausgehend davon, dass die Sonne im Zentrum keine Bewegung vollzieht (Ruhesystem), strömt das LISM in dieser Abbildung von der linken Seite her auf die Heliosphäre zu. [aus: http://www.nasa.gov]

Der *Termination Shock* (TS) beschreibt die Fläche, an der sich das Druckgleichgewicht zwischen dynamischen Druck des SW und Druck des LISM einstellt. Dabei wird der Sonnenwind - so die derzeitigen Annahmen - auf subsonische Geschwindigkeiten abgebremst und ein Großteil seiner kinetischen Energie wird in thermische Energie umgewandelt, so dass sich das SW-Plasma auf Temperaturen von $T_{SW} \approx 10^6 K$ aufheizt. Hinter dem TS wird der Fluss des Sonnenwindes derart abgelenkt, dass SW und LISM letztendlich dieselbe Flussrichtung haben. Stromabwärts bildet sich dadurch ein langer Schweif, der *Heliotail* genannt wird und mit einem Kometenschweif vergleichbar ist. Im Ruhesystem der Sonne fließt das LISM mit einer Geschwindigkeit von ca. 25 km/s auf die Heliosphäre zu. Da diese Strömung sich ebenfalls mit Überschallgeschwindigkeit bewegt, bildet sich ein *Bugschock* (BS), das Äquivalent zum Termination Shock des Sonnenwindes. Der Bereich, der SW-Plasma und LISM-Plasma trennt, wird *Heliopause* (HP) genannt. Der Raum zwischen TS und HP wird als *innere Heliosheath* (HS), der Raum zwischen HP und BS als *äußere Heliosheath* bezeichnet.[4]
Die Ausdehnung und Struktur der Grenzschichten der Heliosphäre sind vom Sonnenwind und vom LISM abhängig. Je nach Stärke des SW und Dichte des LISM können

---

[2]Vgl.: Schneider, P.: *Einführung in die Extragalaktische Astronomie und Kosmologie*, Berlin 2005.
[3]Vgl.: Gruntman, M., et.al.: *Energetic neutral atom imaging of the heliospheric boundary region*, Journal of Geophysical Research, Vol. 106, 15767-15781, 2001.
[4]Vgl.: Sternal, O.: *Berechnung der Flüsse energetischer Neutralatome aus der heliosphärischen Grenzschicht*, Diplomarbeit, Bochum 2005.

diese Grenzen in ihrer Entfernung von der Sonne variieren. Bezogen auf den Sonnenwind, der seinen Ursprung in der Sonnenkorona hat und durch die große Druckdifferenz zwischen Korona und interstellarem Raum gegen die Gravitation der Sonne radial nach außen beschleunigt wird, ist die Entfernung der Grenzschichten abhängig vom elfjährigen Aktivitätszyklus der Sonne. Bei hoher Sonnenaktivität, d.h. bei hoher magnetischer Aktivität der Sonne, welche den mit den von der Sonne entkommenden Teilchen verbundenen Impulsfluss verringert, sind die Grenzen der Heliosphäre näher zur Sonne hin, während sich bei niedriger Sonnenaktivität und somit stärkerem SW die Grenzen nach außen verschieben.[5]

1.2 Energetische Neutralatome

Am äußeren Rand der Heliosphäre treffen das SW-Plasma und das LISM aufeinander und können dort interagieren. Ein neutrales Wasserstoffatom des LISM, das sich unbeeinflusst vom Magnetfeld der Sonne bewegt, kann mit einem Proton des Sonnenwindes wechselwirken und es kann ein Ladungsaustausch stattfinden. Ohne wesentlichen Impuls- oder Energieübertrag gibt das neutrale Atom sein Elektron an das Sonnenwindproton ab. Das übriggebliebene Wasserstoff-Ion (*Pick-Up Ion* (PUI) genannt) wird vom Sonnenwind, bedingt durch den Einfluss des SW-Magnetfeldes auf die Ladung des Teilchens, aufgenommen und mitgetragen, wobei dieser Prozess als *Pick-Up Prozess* bezeichnet wird. Demgegenüber steht das neu entstandene neutrale H-Atom nicht unter dem Einfluss des Magnetfeldes und bewegt sich daher auf einer gradlinigen Trajektorie deren Richtung vom an der Interaktion beteiligten Proton abhängt. Dieses neu entstandene hochenergetische neutrale Wasserstoffatom wird *energetisches Neutralatom* (ENA) genannt. Heliosphärische ENAs werden hauptsächlich in der inneren HS zwischen dem TS und der HP gebildet und können aufgrund der Tatsache, dass sie sich unbeeinflusst vom Magnetfeld der Sonne bewegen, bis zur Erde gelangen, um dort detektiert zu werden. Da der SW und das LISM maßgeblich die Struktur und Ausdehnung der Heliosphäre bestimmen und auch für die Produktion der ENAs verantwortlich sind, kann man über die Eigenschaften der energetischen Neutralatome Rückschlüsse auf die Eigenschaften der Heliosphäre ziehen. ENAs sind somit ein wichtiges Instrument zur Bestätigung bzw. Falsifizierung der Modelle der Heliosphäre und wurden daher von zahlreichen Forschern in Hinblick auf die unterschiedlichsten Aspekte untersucht (*Bzowski*[6], *Fahr et.al.*[7], *Gruntman*[8], *Kunc*[9] und *Scherer et.al.*[10]).

---

[5]Vgl.: Wirth, M.: *Der Wirkungsquerschnitt bei Ladungsaustausch in astrophysikalischen Modellen*, Staatsarbeit, Bochum 2006.

[6]Vgl.: Bzowski, M.: *Survival probability and energy modification of hydrogen Energetic Neutral Atoms on their way from the termination shock to earth orbit*, Astronomy & Astrophysics, in press, 2008.

[7]Fahr, H.J., et.al.: *Theoretical aspects of energetic neutral atoms as messengers from distant plasma sites with emphasis on the heliosphere*, Rewiews of Geophysics, Vol. 45, 1-38, 2007.

[8]Gruntman, M.: *Anisotropy of the energetic neutral atom flux in the heliosphere*, Planetary and Space Science, Vol. 40, 439-445, 1992.

[9]Vgl.: Kunc, J.A.: *Survival probabilities for interstellar hydrogen flowing into the interplanetary system from far regions of the helisphere*,Planetary and Space Science, Vol. 28, 815-821, 1980.

[10]Scherer, K., et.al.: *Energetic neutral atom fluxes from the heliosheath varying with the activity phase of the solar cycle*, Astrophysics and Space Sciences Transactions, Vol. 1, 3-15, 2004.

1.3   Motivation dieser Arbeit

Die Struktur und Ausdehnung der Heliosphäre konnte durch NASA-Missionen wie unter anderem Voyager 1 und Voyager 2 näher untersucht werden. Dabei wurden erste Resultate über die Beschaffenheit der Grenzschichten geliefert, nachdem die Sonden Voyager 1 und Voyager 2 im Dezember 2004 bzw. August 2007 den Termination Shock bei 94 AU bzw. 84 AU passierten und in die innere Heliosheath vorstießen.[11] Die am voraussichtlich 05. Oktober 2008 startende NASA-Mission zur Messung der ENA-Flüsse soll mit Hilfe des *Interstellar Boundary Explorer* (IBEX) genauere Informationen über die Beschaffenheit der Heliosphäre liefern. Außerhalb des Erdmagnetfeldes wird die IBEX-Sonde auf ihrer elliptischen Umlaufbahn um die Erde die ENA-Flüsse durch zwei Kameras zwischen 0.1 keV bis 6 keV messen. Die ENA-Kameras stehen dabei senkrecht zur Achse zwischen Sonde und Sonne und können so den Strom der energetischen Neutralatome für alle Raumrichtungen vom Ort ihrer Entstehung bis hin zur Erde bei 1 AU aufzeichnen (vgl. Abbildung 1.2).

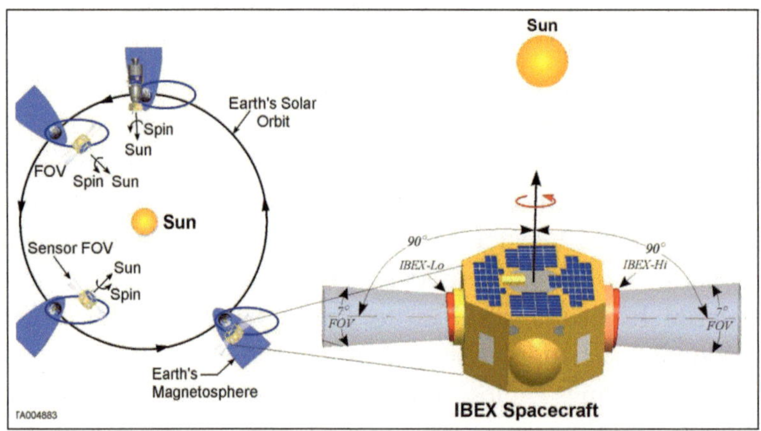

Abbildung 1.2: Darstellung der IBEX-Mission: Umlaufbahn der Sonde um die Erde und ihre Ausrichtung zur Sonne (links). Detailliertere Illustration der Sonde mit ihren beiden, zur Achse Sonde-Sonne senkrecht stehenden ENA-Kameras (rechts). [aus: http://www.ibex.swri.edu]

Die von IBEX erfassten Messdaten erlauben Rückschlüsse auf die Regionen der ENA-Entstehung und somit auf die Grenzschichten der Heliosphäre. Jedoch sollte beachtet werden, dass die von der IBEX-Sonde gemessenen ENA-Flüsse keinesfalls mit der Produktionsrate am Ort ihrer Entstehung übereinstimmen. Die ENAs haben auf ihrem Weg vom Entstehungsort bis zur Erde die Möglichkeit an drei Ionisations-Prozessen beteiligt zu sein. Dadurch können die ENAs gegebenenfalls nicht mehr zur Erde gelangen, um dort detektiert zu werden. Bei diesen drei Ionisationsprozessen handelt es sich um:[12]

- Photoionisation: $h\nu + H \rightarrow H^+ + e$

- Ionisation durch Elektronenstoß: $e + H \rightarrow H^+ + 2e$

---

[11]Vgl.: Garlick, M.A.: *Der grosse Atlas des Universums*, Stuttgart 2006.

[12]Vgl.: Kunc, J.A.: *Survival probabilities for interstellar hydrogen flowing into the interplanetary system from far regions of the helisphere,*Planetary and Space Science, Vol. 28, 815-821, 1980.

- Ladungsaustausch: $H^+ + H \rightarrow H + H^+$

Durch jede dieser drei Reaktionen kann der ENA-Fluss derart beeinflusst werden, dass die ENAs die Erde nicht mehr erreichen und so nicht mehr von IBEX detektiert werden können. Diese Verluste sollten bei der Interpretation der IBEX-Messwerte berücksichtigt werden, damit kein falsches Bild der Struktur der Heliosphäre entsteht. Somit spielt die Überlebenswahrscheinlichkeit der ENAs eine wichtige Rolle bei der Deutung der von IBEX gemessenen ENA-Flüsse.

Das Ziel dieser Arbeit besteht darin, die Wahrscheinlichkeit der ENA-Verluste für verschiedene Energien zu bestimmen, um im weiteren Schritt zu verdeutlichen mit welchen Faktoren die IBEX-Messungen erweitert werden müssen, damit eine korrekte Interpretation der Messdaten durchgeführt werden kann. Aus diesem Grund werden in Kapitel 2 die theoretischen Grundlagen zum ENA-Fluss und zur Wahrscheinlichkeitsbestimmung erläutert. Anschließend werden in Kapitel 3 die theoretischen Berechnungen zur Überlebenswahrscheinlichkeit der ENAs in der inneren Heliosphäre unter der Annahme eines homogenen LISM und eines konstanten Sonnenwindes als auch unter der Annahme eines homogenen LISM und eines unkonstanten Sonnenwindes beschrieben. Desweiteren werden ENA-Fluss-Karten mit den berechneten Wahrscheinlichkeiten erweitert, um zu verdeutlichen welche Veränderungen bezüglich des ENA-Flusses bei 1 AU durch Verluste erwartet werden können. Abschließend wird ein Ausblick auf die in der Zukunft startende IBEX-Mission geworfen, wobei die in dieser Arbeit gewonnenen Erkenntnisse mitberücksichtigt werden.

Kapitel 2

Theoretische Grundlagen

Für eine numerische Kalkulation der Überlebenswahrscheinlichkeit der ENAs auf ihrem Weg zur Erde muss primär geklärt werden welche theoretischen physikalischen Gegebenheiten sowohl für den ENA-Fluss als auch für die Wahrscheinlichkeit, dass ein Neutralatom bis auf 1 AU gelangt, gelten. Aus diesem Grund werden im Folgenden die Zusammenhänge in Bezug auf den Fluss der energetischen Neutralatome verdeutlicht. Im weiteren Verlauf wird dann die Überlebenswahrscheinlichkeit der ENAs unter Berücksichtigung der Prozesse Ladungsaustausch und Photoionisation beschrieben. Der Prozess der Ionisation durch Elektronenstoß spielt für die Überlebenswahrscheinlichkeit der ENAs auf ihrem Weg bis auf 1 AU keine Rolle, da erst für den Bereich zwischen Erde und Sonne dieser Prozess signifikante Werte annimmt.[1]

2.1 Der Fluss der energetischen Neutralatome

Wechselwirkungen zwischen geladenen und ungeladenen Teilchen kommen häufig im Weltraum vor, wobei die geladenen Teilchen größtenteils Protonen aus Plasmen sind, während die ungeladenen Teilchen, vorwiegend Wasserstoff, ein Bestandteil des Interstellaren Mediums sind. Für den lokalen Bereich des Sonnensystems entspricht dies dem Sonnenwind-Plasma und dem LISM. Ein energetisches Proton kann bei der Kollision mit einem Neutralatom einen Ladungsaustausch vollziehen. Dem Neutralatom wird dabei ein Elektron entzogen und es wird in ein Pick-Up Ion umgewandelt, welches vom Magnetfeld des Sonnenwindes beeinflusst und mitkonvektiert wird. Das energetische Proton bildet zusammen mit dem dem Neutralatom entzogenen Elektron ein neues energetisches Neutralatom, kurz ENA, welches unbeeinflusst vom Magnetfeld eine gradlinige Trajektorie beschreibt (vgl. Abbildung 2.1). Zwischen Termination Shock und Heliopause werden durch einen solchen Ladungsaustausch ENAs produziert. Diese Produktion ist abhängig von den Eigenschaften der Wechselwirkungspartner, wie z.B. Dichte, Temperatur und Relativgeschwindigkeit, die auch für die Struktur der Heliosphäre maßgeblich sind. Nach ihrer Entstehung bewegen sich die ENAs mit einer nach der Kollision festgelegten Richtung, die der Richtung des Protons vor dem

---

[1]Vgl.: Kunc, J.A.: *Survival probabilities for interstellar hydrogen flowing into the interplanetary system from far regions of the helisphere*, Planetary and Space Science, Vol. 28, 815-821, 1980; als auch: Bzowski, M.: *Survival probability and energy modification of hydrogen Energetic Neutral Atoms on their way from the termination shock to earth orbit*, Astronomy & Astrophysics, in press, 2008.

Ladungsaustausch entspricht, unbeeinflusst von jeglichen magnetischen Feldern durch den Raum und können gegebenfalls zur Erde gelangen, um dort detektiert zu werden. Der Anteil der zur Erde gelangten und detektierten ENAs entspricht de facto nur einem Bruchteil der Gesamtanzahl der entstandenen energetischen Neutralatome, da der Großteil der ENAs in alle übrigen Raumrichtungen strömt.[2]

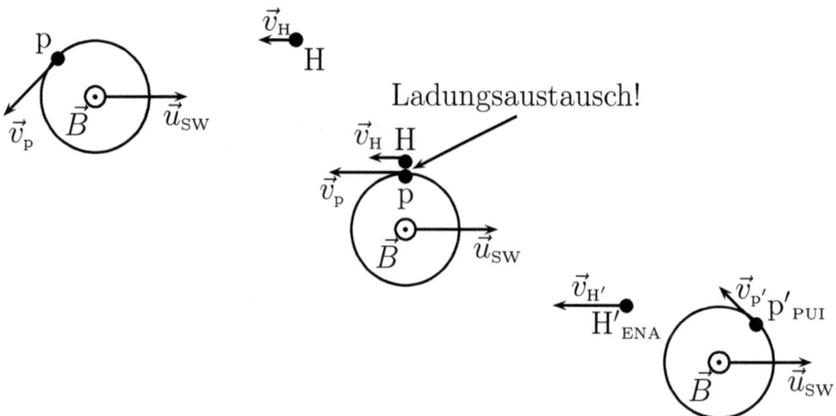

Abbildung 2.1: Ladungsaustausch zwischen SW-Proton und LISM-Wasserstoff: Ein SW-Proton (p) und ein Wasserstoffatom (H) aus dem LISM treffen aufeinander. Das an das SW-Magnetfeld gebundene Proton kann dem Wasserstoffatom derart nahe kommen, dass es zu einem Ladungsaustausch zwischen H-Atom und Proton kommen kann. Diese Reaktion findet ohne Übertrag von Impuls oder Energie statt. Nach dem Ladungsaustausch ist das neu entstandene Proton (p'_{PUI}) an das Magneteld gebunden und wird vom SW mitkonvektiert, während das ENA (H'_{ENA}) sich unbeeinflusst vom Magnetfeld auf einer geradlinigen Trajektorie bewegt. Das ENA besitzt nach dem Ladungsaustausch dieselbe Bewegungsrichtung wie das am Ladungsaustausch beteiligte SW-Proton.

Der differentiellen Fluss der ENAs ergibt sich *Gruntman et. al.* (2001) zufolge aus dem Sichtlinienintegral entlang einer vorgegebenen Sichtline $\vec{s}$ zu:

$$j_{ENA,i}(\vec{s}, E) = \int_{\vec{s}} j_i(\vec{s}, E) \sum_k [\sigma_{ik}(E) n_k(\vec{s})] \, P(\vec{s}, E) \, \mathrm{d}s$$

wobei $j_i(\vec{s}, E)$ der differentielle Fluss der Ionen, $n_k(\vec{s})$ die Teilchendichte der neutralen Komponente des lokalen interstellaren Mediums und $\sigma_{ik}(E)$ der Wechselwirkungsquerschnitt für den Ladungsaustausch zwischen den Ionen und den Neutralatomen ist. Die Funktion $P(\vec{s}, E)$ beschreibt die Überlebenswahrscheinlichkeit der ENAs auf ihrem Weg zur Erde und ist gegeben durch:

$$P(\vec{s}, E) = \exp\left[-\int_{t_{source}}^{t_{1AU}} \beta(t) \, \mathrm{d}t \right] \tag{2.1}$$

Die Größe $\beta(t)$ beinhaltet die sowohl durch den Ladungsaustausch als auch durch die

---

[2]Vgl.: Gruntman, M.: *Energetic neutral atom imaging of space plasmas*, Review of Scientific Instruments, Vol. 68, 3617-3656, 1997.

Photoionisation entstandene Verlustrate der ENAs.[3]

Im weiteren Verlauf wird die Überlebenswahrscheinlichkeit der energetischen Neutralatome Gegenstand einer theoretischen Präzisierung sein. Eine genauere Beschreibung der Verlustrate $\beta(t)$ eröffnet die Möglichkeit die Wahrscheinlichkeit, dass ein ENA die Erde bzw. den IBEX-Detektor erreicht, numerisch zu ermitteln.

2.2 Die Überlebenswahrscheinlichkeit der energetischen Neutralatome

Zur Berechnung der Überlebenswahrscheinlichkeit der ENAs auf ihrem Weg bis auf 1 AU muss zuerst geklärt werden, wie sich die Formel (2.1) verändert, wenn man nicht über die Zeit, sondern über den Weg entlang einer Sichtlinie integriert. Dies ist notwendig, da bei den in Kapitel 3 thematisierten numerischen Simulationen die Überlebenswahrscheinlichkeit entlang des Sichtlinienweges und nicht über die Zeit berechnet wird. Im weiteren Verlauf wird die ENA-Verlustrate $\beta(t)$ unter Berücksichtigung der Prozesse Ladungsaustausch und Photoionisation konkretisiert, um ein numerisch zu berechnendes Integral für die Überlebenswahrscheinlichkeit der ENAs zu erhalten.

Nach *Bzowski* (2008) kann man die Überlebenswahrscheinlichkeit der energetischen Neutralatome bezüglich der Zeit t und des Weges $\vec{r}(t)$ angeben durch:

$$P(t, \vec{r}(t)) = \exp\left[-\int_{t_{source}}^{t_{1AU}} \beta(t, \vec{r}(t))\, \mathrm{d}t\right] \tag{2.2}$$

Die Funktion $\beta(t, \vec{r}(t))$ beschreibt dabei die Verlustrate der ENAs zu einem Zeitpunkt t entlang einer Trajektorie $\vec{r}(t)$. t_{source} entspricht der Zeit der Entstehung eines Neutralatoms, während t_{1AU} den Zeitpunkt beschreibt an dem das ENA bei 1 AU angekommen ist.[4]

Für eine Integration entlang des Weges $\vec{r}(t)$ muss man das Integral in der Formel (2.2) substituieren. Es gilt dabei

$$\mathrm{d}\vec{r}(t) = \vec{v}_{ENA} \cdot \mathrm{d}t,$$

da $\vec{r}(t) = -\vec{v}_{ENA} \cdot \Delta t$ ist. Hierbei sei darauf hingewiesen, dass $\vec{v}_{ENA}$ abhängig von der Energie des Neutralatoms ist, jedoch entlang des Weges als zeitlich konstant angenommen wird, also:

$$|\vec{v}_{ENA}| = \sqrt{\frac{2 \cdot E_{ENA}}{m_{ENA}}}$$

Zum Zeitpunkt t_{source} befindet sich das betrachtete ENA bei einem Abstand $r(t_{source}) = R_{source}$, wobei R_{source} in AU angegeben ist, zur Sonne und bewegt sich von dort mit

[3]Vgl.: Gruntman, M., et.al.: *Energetic neutral atom imaging of the heliospheric boundary region*, Journal of Geophysical Research, Vol. 106, 15767-15781, 2001.

[4]Vgl.: Bzowski, M.: *Survival probability and energy modification of hydrogen Energetic Neutral Atoms on their way from the termination shock to earth orbit*, Astronomy & Astrophysics, in press, 2008.

der Geschwindigkeit v_{ENA} auf einer gradlinigen Trajektorie bis auf $r(t_{1AU}) = 1$ AU.
Somit kann das Integral aus Formel (2.2) geschrieben werden als:

$$-\int_{R_{source}}^{1AU} \left[-\frac{\beta(\vec{r}(t))}{|\vec{v}_{ENA}|} \right] \, \mathrm{d}R$$

Durch Vertauschung der Integrationsgrenzen und Herausziehen der Konstanten ergibt
sich vereinfacht:

$$-\frac{1}{|\vec{v}_{ENA}|} \int_{1AU}^{R_{source}} \beta(\vec{r}(t)) \, \mathrm{d}R \tag{2.3}$$

Zur Berechnung des Integrals (2.3) muss geklärt werden, inwiefern die Prozesse Ladungsaustausch und Photoionisation von ENAs die Verlustrate $\beta(\vec{r}(t))$ prägen. Die
Verlustrate kann dabei als Summe zweier Verlustraten β_A und β_B dargestellt werden,
also

$$\beta(\vec{r}(t)) = \beta_A + \beta_B,$$

wobei β_A die Verlustrate durch Photoionisation und β_B die Verlustrate durch Ladungsaustausch beschreibt.
Kunc (1980) definiert einen Normierungsfaktor γ als Quotienten aus Abstand zur Sonne (R) durch Abstand Sonne-Erde (1 AU), also

$$\gamma = \frac{R}{\mathrm{AU}}$$

und formalisiert so β_A als Produkt von γ mit einem Koeffizienten β_0, der den Wert
der Photoionisationsrate bei 1 AU angibt. Die Photoionisationsrate β_A nimmt dabei
proportional zur Photonenflussdichte mit $\frac{1}{R^2}$ ab, so dass gilt:

$$\beta_A = \beta_0 \cdot \gamma^{-2} = \beta_0 \cdot \mathrm{AU}^2 \cdot \frac{1}{R^2} \tag{2.4}$$

Die Verlustrate β_B für den Ladungsaustausch nimmt ebenfalls mit $\frac{1}{R^2}$ ab und kann
Kunc (1980) zufolge dargestellt werden durch:

$$\beta_B = n_{p_0} \cdot u_p \cdot \sigma_{ex} \cdot \gamma^{-2} = n_{p_0} \cdot u_p \cdot \sigma_{ex} \cdot \mathrm{AU}^2 \cdot \frac{1}{R^2} \tag{2.5}$$

Dabei ist n_{p_0} die Teilchendichte der Protonen bei 1 AU, u_p die Geschwindigkeit der
Protonen - also die Geschwindigkeit des Sonnenwindes - und σ_{ex} der Wechselwirkungs-
querschnitt des Ladungsaustausches.[5]
Für die gesamte Verlustrate der ENAs ergibt sich somit:

$$\beta(\vec{r}(t)) = \beta_0 \cdot \mathrm{AU}^2 \cdot \frac{1}{R^2} + n_{p_0} \cdot u_p \cdot \sigma_{ex} \cdot \mathrm{AU}^2 \cdot \frac{1}{R^2}$$

$$= \mathrm{AU}^2 \cdot (\beta_0 + n_{p_0} \cdot u_p \cdot \sigma_{ex}) \cdot \frac{1}{R^2}$$

---

[5]Vgl.: Kunc, J.A.: *Survival probabilities for interstellar hydrogen flowing into the interplanetary
system from far regions of the helisphere*, Planetary and Space Science, Vol. 28, 815-821, 1980.

Setzt man diese ENA-Verlustrate in Formel (2.3) ein, dann hat das Integral aus Formel (2.2) die Form:

$$-\frac{1}{|\vec{v}_{ENA}|} \int_{1AU}^{R_{source}} \mathrm{AU}^2 \cdot (\beta_0 + n_{p_0} \cdot u_p \cdot \sigma_{ex}) \cdot \frac{1}{R^2}\, \mathrm{d}R$$

Durch Herausziehen aller konstanten Faktoren ergibt sich:

$$-\lambda \int_{1AU}^{R_{source}} \frac{1}{R^2}\, \mathrm{d}R \tag{2.6}$$

mit

$$\lambda = \frac{(\beta_0 + n_{p_0} \cdot u_p \cdot \sigma_{ex}) \cdot \mathrm{AU}^2}{|\vec{v}_{ENA}|}$$

Setzt man Formel (2.6) in Formel (2.2) ein, so gilt für die Überlebenswahrscheinlichkeit der ENA's:

$$P(R) = \exp\left[-\lambda \int_{1AU}^{R_{source}} \frac{1}{R^2}\, \mathrm{d}R\right] \tag{2.7}$$

Die Lösung dieser Formel durch Integration kann wie folgt angegeben werden:

$$
\begin{aligned}
P(R) &= \exp\left[-\lambda \int_{1AU}^{R_{source}} \frac{1}{R^2}\, \mathrm{d}R\right] \\
&= \exp\left(-\lambda \cdot \left[-\frac{1}{R}\right]_{AU}^{R_{source}}\right) \\
&= \exp\left(\lambda \cdot \left[\frac{1}{R_{source}} - \frac{1}{\mathrm{AU}}\right]\right)
\end{aligned}
$$

$$\Rightarrow P(R) = \exp\left(\frac{(\beta_0 + n_{p_0} \cdot u_p \cdot \sigma_{ex}) \cdot \mathrm{AU}^2}{|\vec{v}_{ENA}|} \cdot \left[\frac{1}{R_{source}} - \frac{1}{\mathrm{AU}}\right]\right) \tag{2.8}$$

Mit Hilfe von Formel (2.8) kann die Überlebenswahrscheinlichkeit der energetischen Neutralatome entlang ihrer Trajektorie in Abhängigkeit von ihrer Geschwindigkeit - also ihrer Energie - berechnet werden. Dabei wird sowohl die Teilchendichte der SW-Protonen bei 1 AU als auch die Geschwindigkeit der SW-Protonen innerhalb der Heliosphäre vorerst als konstant angenommen.

Kapitel 3

Numerische Berechnungen der Überlebenswahrscheinlichkeit der ENAs in der Heliosphäre

In Kapitel 2 wurde die Formel (2.7) hergeleitet und gelöst (Formel 2.8), so dass diese im Folgenden für die numerische Berechnung benutzt werden kann, um die Überlebenswahrscheinlichkeit für ENAs mit unterschiedlichen Energien auf ihrem Weg zur Erde zu berechnen. Die computergestützte Berechnung der Überlebenswahrscheinlichkeit der ENAs für unterschiedliche Energien in Abhängigkeit vom Ort ihrer Entstehung mit Hilfe von Formel (2.8) basiert dabei auf einem eigens für diese Arbeit in der Sprache FORTRAN 77 geschriebenen Programm.[1]

Die dreidimensionale Verteilung der berechneten Überlebenswahrscheinlichkeiten der energetischen Neutralatome wird durch so genannte All-Sky-Maps visualisiert. Diese All-Sky-Maps sind Himmelskarten in einer Aitoff-Projektion (vgl. Abbildung 3.1), die mit Hilfe des Programms IDL erstellt werden. IDL bietet eine interaktive computerbasierte Umgebung zur Analyse und Visualisierung der numerisch ermittelten Daten und erlaubt somit das Erstellen von Himmelkarten, die in dieser Form auch von der geplanten IBEX-Mission gemessen werden.[2]

Im ersten Teil dieses Kapitels ist die Überlebenswahrscheinlichkeit der energetischen Neutralatome unter der Annahme, dass sowohl die Dichte als auch die Geschwindigkeit des Sonnenwind-Plasmas homogen verteilt bzw. konstant sind, mit Formel (2.8) berechnet. Im zweiten Teil dieses Kapitels wird dann die Annahme, dass die Geschwindigkeit des Sonnenwindes in alle Richtungen konstant ist verworfen, so dass gezeigt werden kann welche Auswirkungen das Minimum des solare Zyklus auf die Überlebenswahrscheinlichkeit der ENAs hat. Die so gewonnenen Ergebnisse liefern sowohl eine Vorstellung der Größenordnung des Verlustes an ENAs auf ihrem Weg bis zur Erde als auch eine dreidimensionale Vorstellung von der Verteilung der Überlebenswahrscheinlichkeiten in alle Raumrichtungen mit Hilfe von All-Sky-Maps. In einem letzten Schritt werden die von *Sternal et.al.* berechneten ENA-Fluss-All-Sky-Maps für Neutralatome mit 0,1 keV und 1 keV mit den numerisch kalkulierten Überlebenswahrscheinlichkeiten erweitert und so die zu erwartenden ENA-Flüsse bei 1 AU verdeutlicht.

---

[1]Vgl.: Wehnes, H.: *FORTRAN 77 - Strukturierte Programmierung mit FORTRAN 77*, München, Wien 1992.

[2]Vgl.: Research Systems Inc.: *Using IDL*, IDL Version 5.1, Boulder 1998.

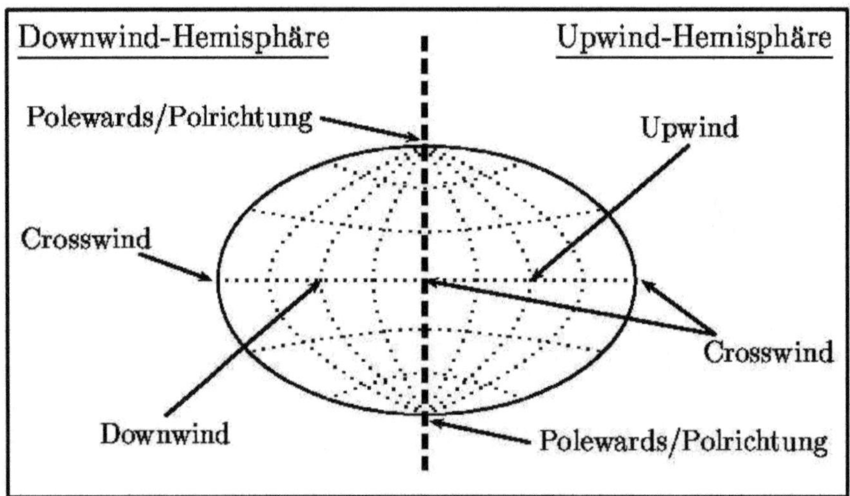

Abbildung 3.1: Darstellung einer All-Sky-Map. Die Himmelskarte in Aitoff-Projektion ist vergleichbar mit einer Weltkarte. Das Gitter aus gestrichelten Linien verdeutlicht die heliographische Länge und Breite. Ausgewählte Richtungen sind dabei ebenfalls in der Karte vermerkt: Upwind bezeichnet dabei die Richtung, die zur Bewegungsrichtung der Sonne zeigt, Downwind zeigt in Flussrichtung des LISM, also entgegen der Bewegungsrichtung der Sonne, und Crosswind bezeichnet alle Richtungen die senkrecht auf der Upwind-Downwind-Achse stehen.[aus: Sternal, O., *Berechnung der Flüsse energetischer Neutralatome aus der heliosphärischen Grenzschicht*, Diplomarbeit, Bochum 2005.]

3.1 Überlebenswahrscheinlichkeit bei solarem Maximum

Will man die Überlebenswahrscheinlichkeit der ENAs einer bestimmten Energie vom Ort ihrer Enstehung bis auf 1 AU bestimmen, so benötigt man zum einen die Entfernung dieses Ortes von der Sonne und zum anderen eine geeignete Wahl der Parameter β_0, n_{p0}, u_p und σ_{ex}. Der Photoionisationsratenkoeffizient β_0 entspricht dabei einem Wert von $1.04 \cdot 10^{-7}\mathrm{s}^{-1}$, wie er von *Rucinski et.al.* (1996) angegeben wird.[3] Der Teilchenzahldichte der Protonen des Sonnenwindes n_{p0} wird *Kunc* (1980) zufolge ein Wert von $6 \cdot \mathrm{cm}^{-3} = 6 \cdot 10^6 \mathrm{m}^{-3}$ zugeordnet.[4] Die Werte des Wechselwirkungsquerschnitts sind abhängig von der Energie des energetischen Neutralatoms und erfolgten über die Berechnung der Formel von *Lindsay and Stebbings*:[5]

$$\sigma_{ex} = (4,15 - 0,531 \cdot \ln(E_{ENA}))^2 \left(1 - \exp\left[\frac{67,3}{E_{ENA}}\right]\right)^{4,5}$$

wobei E_{ENA} die Energie des energetischen Neutralatoms in keV ist und sich der Ladungsaustauschwirkungsquerschnitt in $10^{-16}\mathrm{cm}^2$ ergibt. Für die Geschwindigkeit der

---

[3]Vgl.: Rucinski, D., et.al.: *Ionisation processes in the heliosphere - rates and methods of their determination*, Space Science Reviews, Vol. 78, 73-84, 1996.

[4]Vgl.: Kunc, J.A.: *Survival probabilities for interstellar hydrogen flowing into the interplanetary system from far regions of the helisphere*, Planetary and Space Science, Vol. 28, 815-821, 1980.

[5]Vgl.: Lindsay, B. G.; Stebbings, R. F.: *Charge transfer cross sections for energetic neutrals atom data analysis*, Journal of Geophysical Research, Vol. 110, A 12213, 2005.

SW-Protonen u_p wurde ein konstanter Wert von 400 km/s angenommen, der auch von *Kunc* (1980) vorgeschlagen wird.[6]

Im Nachfolgenden sind die Überlebenswahrscheinlichkeiten für ENAs mit Energien von 0,1 keV, 0,5 keV, 1 keV und 6 keV berechnet und in Abhängigkeit von der Entfernung zur Sonne graphisch dargestellt worden. Der Ort der Entstehung der energetischen Neutralatome wurde dabei für die Upwind-Richtung bei 80 AU (vgl. Abbildung 3.2), für die Crosswind-Richtung bei 100 AU (vgl. Abbildung 3.3) und für die Downwind-Richtung bei 200 AU (vgl. Abbildung 3.4) gewählt. Die Überlebenswahrscheinlichkeiten werden im weiteren Verlauf dieses Abschnittes mit 3 Nachkommastellen angegeben, um zu verdeutlichen wie gering die Unterschiede der einzelnen Werte ausgefallen sind.

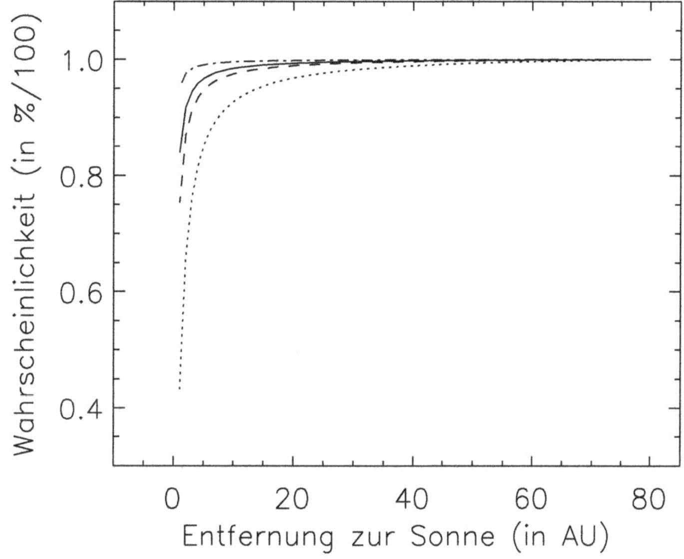

Abbildung 3.2: Überlebenswahrscheinlichkeit der ENAs aus der Upwind-Richtung in Abhängigkeit von ihrer Entfernung zur Sonne für Energien von 0,1 keV (gepunktet), 0,5 keV (gestrichelt), 1 keV(durchgezogen) und 6 keV (gestrichelt-gepunktet).

Es zeigt sich eine Verringerung der Überlebenswahrscheinlichkeit der energetischen Neutralatome mit kleiner werdendem Abstand zur Sonne, wobei signifikante Unterschiede zwischen den jeweiligen Wahrscheinlichkeiten ab einer Entfernung von 20 AU zur Sonne zu erkennen sind. Für ein ENA mit 6 keV liegt die Wahrscheinlichkeit die Erde zu erreichen bei 95,299 % für die Upwind-Richtung, bei 95,287 % für die Crosswind-Richtung und bei 95,264 % für die Downwind-Richtung. Ein energetisches Neutralatom mit 1 keV hat eine Überlebenswahrscheinlichkeit von 83,980 % für die Upwind-Richtung, von 83,943 % für die Crosswind-Richtung und von 83,869 % für die Downwind-Richtung, während ein ENA mit 0,5 keV eine Überlebenswahrscheinlichkeit von 75,318 % für die Upwind-Richtung, von 75,264 % für die Crosswind-Richtung und von 75,156 % für die Downwind-Richtung hat. Für ein energetisches Neutralatom mit 0,1 keV ergibt sich eine Überlebenswahrscheinlichkeit von 42,728 % für die

---

[6]Vgl.: Kunc, J.A.: *Survival probabilities for interstellar hydrogen flowing into the interplanetary system from far regions of the helisphere*, Planetary and Space Science, Vol. 28, 815-821, 1980.

Upwind-Richtung, von 42,636 % für die Crosswind-Richtung und von 42,453 % für die Downwind-Richtung.

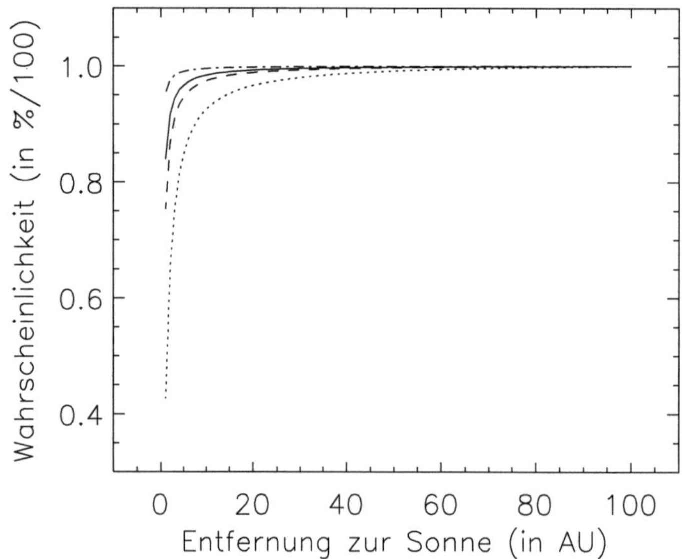

Abbildung 3.3: Überlebenswahrscheinlichkeit der ENAs aus der Crosswind-Richtung in Abhängigkeit von ihrer Entfernung zur Sonne für Energien von 0,1 keV (gepunktet), 0,5 keV (gestrichelt), 1 keV(durchgezogen) und 6 keV (gestrichelt-gepunktet).

Diese Werte sind verträglich mit den von *Gruntman et.al.* (2001) abgeschätzten Wahrscheinlichkeiten für ENA's unterschiedlicher Energien.[7] Einem energetischen Neutralatom mit 0,1 keV wird eine Überlebenswahrscheinlichkeit von ca. 50 % zugeordnet, so dass der numerisch berechnete Wert dieser Arbeit um ca. 16 % von diesem Wert abweicht. Ein 1 keV - ENA hat *Gruntman et.al.* (2001) zufolge eine Überlebenswahrscheinlichkeit von ca. 82 %, Abweichung von ungefähr 2 %, während ein ENA mit 6 keV eine Wahrscheinlichkeit von 90 % hat, was mit einer Abweichung von ca. 6 % übereinstimmt. Diese geringen Abweichungen verdeutlichen, dass die Überlebenswahrscheinlichkeiten der ENAs in Bezug auf die hier ermittelte Größenordnung mit den Werten von *Gruntman et.al.* (2001) konsistent sind. Dies kann damit begründet werden, dass *Gruntman et.al.* (2001) ein symmetrisches und konstantes Modell zur Beschreibung der heliosphärischen Struktur verwendet haben, welches im Wesentlichen mit dem hier verwendeten Annahmen vergleichbar ist.
Die von *Bzowski* (2008) ermittelten Überlebenswahrscheinlichkeiten für ENAs im Energiebereich von 0,1 keV bis 6 keV sind mit den numerisch kalkulierten Werten nicht in dem hohen Maße verträglich wie die Daten von *Gruntman et.al* (2001). *Bzowski* (2008) zufolge erreichen 0,1 keV - ENAs mit einer Wahrscheinlichkeit von ca. 30 %, 1 keV - ENAs mit einer Wahrscheinlichkeit von ca. 60 % die Erde. Somit weichen die numerisch berechneten Werte um ca. 40 % von diesen Daten ab. Eine Abweichung von ungefähr 19 % ergibt sich für die unterschiedlichen Überlebenswahrscheinlichkeiten, ca.

---

[7]Vgl.: Gruntman, M., et.al.: *Energetic neutral atom imaging of the heliospheric boundary region*, Journal of Geophysical Research, Vol. 106, 15767-15781, 2001.

80 % (*Bzowski*) gegenüber 95 %, von energetischen Neutralatomen mit einer Energie von 6 keV.[8] Diese hohen Abweichungen können dadurch erklärt werden, dass *Bzowski* (2008) für seine Kalkulation ein dynamisches vom solaren Zyklus abhängiges Modell der Heliosphäre verwendet hat, während die hier gewählten Bedingungen eine statische und homogene Heliosphäre implizierten.

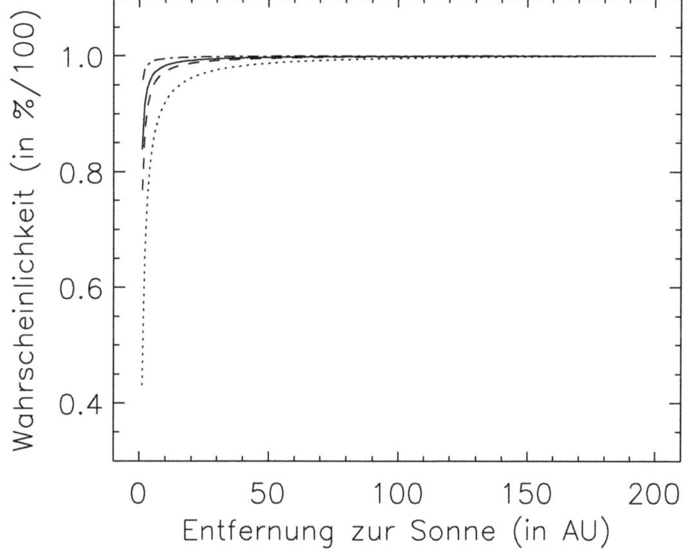

Abbildung 3.4: Überlebenswahrscheinlichkeit der ENAs aus der Downwind-Richtung in Abhängigkeit von ihrer Entfernung zur Sonne für Energien von 0,1 keV (gepunktet), 0,5 keV (gestrichelt), 1 keV(durchgezogen) und 6 keV (gestrichelt-gepunktet).

Man kann aus den durch numerische Simulation berechneten Daten ableiten, dass die Überlebenswahrscheinlichkeit der ENAs stark von ihrer Energie abhängt. Die ENAs mit einer Energie von 6 keV können nahezu ungehindert (95 %) bis zur Erde gelangen, während weniger als die Hälfte (ca. 43 %) der energetischen Neutralatome mit 0,1 keV bei 1 AU noch gemessen werden können. Diese Tatsache ist physikalisch dadurch zu erklären, dass sich ein 6 keV - ENA mit einer Geschwindigkeit von ca. 1072 km/s bewegt und für eine Distanz von 100 AU ungefähr 160 Tage benötigt, während sich ein 0,1 keV - ENA mit einer Geschwindigkeit von ca. 138 km/s fortbewegt und die gleiche Distanz in 1250 Tagen zurücklegt. Ein energetisches Neutralatom mit niedriger Energie kann aufgrund seiner geringeren Geschwindigkeit mit einer größeren Wahrscheinlichkeit an Ionisationsprozessen teilnehmen als ein höher energetisches Neutralatom. Aus diesem Grund korreliert die Überlebenswahrscheinlichkeit der ENAs mit ihrer Energie, in dem Maße, dass niederenergetische Neutralatome eine geringere Wahrscheinlichkeit haben noch bei 1 AU detektiert zu werden als höherenergetische Neutralatome.
Betrachtet man die Verteilung der Überlebenswahrscheinlichkeiten von energetischen Neutralatomen in alle Raumrichtungen mit Hilfe von All-Sky-Maps (Abbildung 3.5), so

---

[8]Vgl.: Bzowski, M.: *Survival probability and energy modification of hydrogen Energetic Neutral Atoms on their way from the termination shock to earth orbit*, Astronomy & Astrophysics, in press, 2008.

ist deutlich zu erkennen, dass die Verteilungen für die Energien 0,1 keV und 1 keV die gleiche Symmetrie aufweisen, wobei auf die Änderung der Skala hingewiesen sei. Dies ist für ENAs mit Energien von 0,5 keV und 6 keV ebenfalls der Fall, so dass auf eine zusätzliche Darstellung der Verteilung der Überlebenswahrscheinlichkeiten der ENAs mit diesen Energien durch All-Sky-Maps verzichtet werden kann.

In Upwind-Richtung ist der Verlust von energetischen Neutralatomen am geringsten, während die Überlebenswahrscheinlichkeit der ENAs über die Crosswind-Richtung hin zur Downwind-Richtung immer weiter abnimmt. Dabei ist festzuhalten, dass sich in Upwind-Richtung ein Maximum und in Downwind-Richtung ein Minimum bezüglich der Überlebenswahrscheinlichkeit der ENAs befindet.

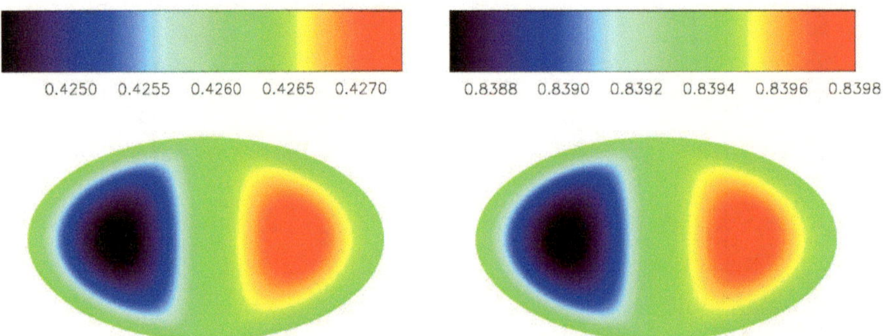

Abbildung 3.5: Darstellung der Überlebenswahrscheinlichkeit der ENAs für 0,1 keV (links) und 1keV (rechts) als All-Sky-Map. Es ist ein deutliches Minimum in der Downwind-Richtung zu erkennen. Die Überlebenswahrscheinlichkeit steigt in Crosswind-Richtung an und hat für ENAs aus der Upwind-Richtung ein Maximum.

Der Unterschied zwischen der Upwind-Richtung und der Crosswind- bzw. Downwind-Richtung beträgt für ein 0,1 keV - ENA ca. 0,092 bzw. 0,275 Prozent, während dieser Unterschied für ein ENA mit 0,5 keV einem Wert von 0,054 bzw. 0,162 Prozent entspricht. Für ein energetisches Neutralatom mit einer Energie von 1 keV bleibt eine Differenz von 0,037 Prozent zwischen der Upwind- und Crosswind-Richtung bzw. 0,111 Prozent zwischen der Upwind- und Downwind-Richtung. Der Unterschied nimmt für ein 6 keV - ENA mit 0,012 Prozent zwischen Upwind- und Crosswind-Richtung bzw. 0,035 Prozent zwischen Upwind- und Downwind-Richtung die geringsten Werte an.

Die Symmetrie der Verteilung der Überlebenswahrscheinlichkeit der ENAs ist in Zusammenhang mit den vorher getroffenen Annahmen zur Homogenität der inneren Heliosphäre zum Zeitpunkt eines solaren Maximums zu sehen. Die Tatsache, dass die Parameter SW-Geschwindigkeit und Protonen-Dichte des SW innerhalb der inneren Heliosphäre als sphärisch-symmetrisch angenommen wurden, spiegeln sich in der symmetrischen Verteilung der Wahrscheinlichkeiten wieder. Das Maximum in der Upwind-Richtung kann dadurch erklärt werden, dass das hier verwendete Modell der Heliosphäre in dieser Richtung die geringste Ausdehnung hat, während in Downwind-Richtung die Ausdehnung ihren größten Wert annimmt und daher dort ein Minimum lokalisiert werden kann. Die energetischen Neutralatome müssen somit einen längeren Weg bis auf 1 AU zurücklegen und die Wahrscheinlichkeit, dass sie an einem Ionisationsprozess beteiligt sind, steigt daher an.

Die homogenen Bedingungen bei maximaler solarer Aktivität, die in diesem Abschnitt maßgebend waren, werden im weiteren Verlauf aufgegeben, um zu beleuchten, welche Auswirkungen das mit dem solaren Zyklus verbundene Aktivitätsminimum auf die Überlebenswahrscheinlichkeit der ENAs innerhalb der Heliosphäre hat.

3.2   Überlebenswahrscheinlichkeit bei solarem Minimum

Die bisher kalkulierten Daten zur Überlebenswahrscheinlichkeit der energetischen Neutralatome in der inneren Heliosphäre beruhten auf der Annahme, dass der Sonnenwind sich mit einer gleichmäßigen Geschwindigkeit in alle Raumrichtungen ausbreitet. Diese Bedingung kann für den Fall eines solaren Maximums bestehen bleiben, da der SW sich zu diesem Zeitpunkt annähernd isotrop und homogen ausbreitet. Für eine minimale Äktivität innerhalb des 11-jährigen solaren Zyklus' ist diese Annahme nicht mehr haltbar, da zu diesem Zeitpunkt die Geschwindigkeit des SW über den Polen der Sonne auf beinahe das Doppelte des bisher angenommenen Wertes ansteigt. Die Auswertung der von der Sonde *Ulysses* aufgenommenen Daten durch *McComas et.al.* (2000) (Abbildung 3.6) zeigen, dass der Sonnenwind bei solarem Minimum eine Geschwindigkeit von ca. 760 km/s oberhalb der Sonnenpole erreicht.[9] Ein homogen verteilter SW in der inneren Heliosphäre kann somit nicht mehr angenommen werden, so dass sich die Überlebenswahrscheinlichkeit der ENAs zum Zeitpunkt des solaren Minimums verändern könnte. Im Nachfolgenden wird eine numerische Berechnung der Überlebenswahrscheinlichkeit der ENAs in Abhängigkeit vom solaren Zyklus durchgeführt, um zu verdeutlichen welchen Einfluss eine erhöhte Sonnenwindgeschwindigkeit auf die Verteilung dieser Wahrscheinlichkeit in der inneren Heliosphäre hat.

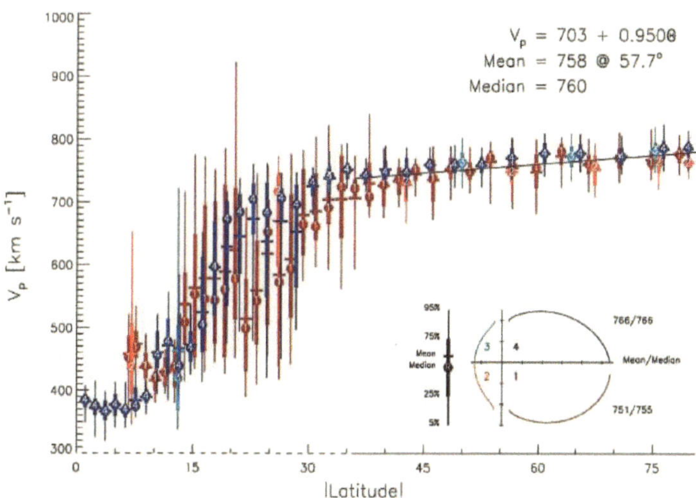

Abbildung 3.6: Sonnenwindgeschwindigkeit in Abhängigkeit von der heliosphärischen Breite. Die Geschwindigkeit steigt zwischen 10° und 35° von 400 km/s auf 760 km/s an und ist ab 35° auf einem annähernd konstanten Wert. Die vier Farben repräsentieren die verschiedenen Quadranten des Ulysses' Orbits, der in der rechten unteren Ecke dargestellt ist. [aus: McComas et.al., 2000]

---

[9]McComas, D.J., et.al.: *Solar wind obsevations over Ulysses' first full polar orbit*, Journal of Geophysical Research, Vol. 105, 10419-10433, 2000.

Ein sich mit 760 km/s ausbreitender Sonnenwind in Polrichtung verändert die Überlebenswahrscheinlichkeit der ENAs in einem gewissen Maße. Diese Veränderung ist in Abbildung 3.7 zu erkennen. Die Wahrscheinlichkeiten von ENAs mit 0,1 keV, 0,5 keV, 1 keV und 6 keV sind in Abhängigkeit von der Entfernung zur Sonne bei einem solch schnellen SW aus Richtung der Sonnenpole aufgetragen. Dabei ist zu erkennen, dass mit kleiner werdenden Abstand zur Sonne die Überlebenswahrscheinlichkeit der ENAs sinkt, wobei ab einer Distanz von ca. 30 AU die Unterschiede der jeweiligen Wahrscheinlichkeiten signifikante Werte annehmen. Ein 0,1 keV - ENA erreicht zu 21,9 % die Erde, bei einer SW-Geschwindigkeit von 400 km/s entsprach der kalkulierte Wert 42,7 %, so dass ein zusätzlicher Verlust von ca. 20,8 % durch die minimale solare Aktivität entstanden ist. Für ein 0,5 keV - ENA liegt die Wahrscheinlichkeit die Erde zu erreichen bei 61 %. Vergleicht man diesen Wert mit der Überlebenswahrscheinlichkeit von 75,3 % bei einer Sonnenwindgeschwindigkeit von 400 km/s, so ist ein zusätzlicher Verlust von ca. 14,3 % auf die geringere Sonnenaktivität zurückzuführen. Ein

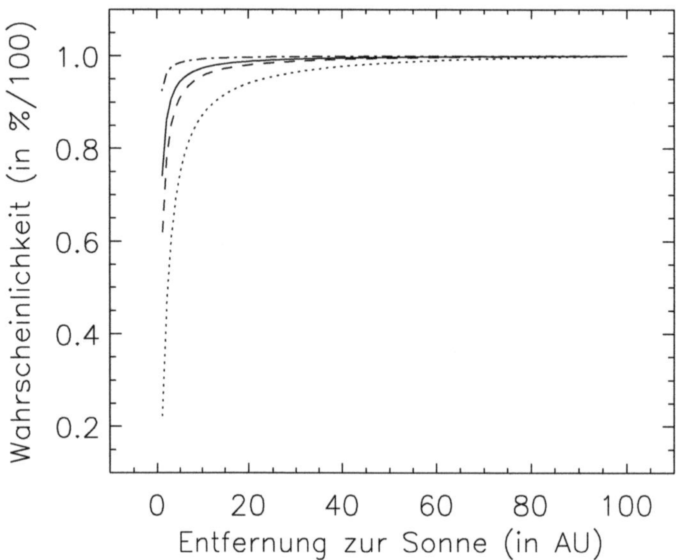

Abbildung 3.7: Überlebenswahrscheinlichkeit der ENAs aus der Polrichtung in Abhängigkeit von ihrer Entfernung zur Sonne für Energien von 0,1 keV (gepunktet), 0,5 keV (gestrichelt), 1 keV(durchgezogen) und 6 keV (gestrichelt-gepunktet) bei minimaler solarer Aktivität.

Neutralatom mit einer Energie von 1 keV erreicht bei minimaler solarer Aktivität zu 74 % die Erde, dies entspricht einem zusätzlichen Verlust von ca. 9,9 % im Vergleich zum Wert aus Abschnitt 3.1. Die Überlebenswahrscheinlichkeit eines 6 keV - ENA's auf dem Weg vom TS hin zur Erde liegt bei ca. 92,4 %. Bei maximaler Sonnenaktivität entsprach der Wert 95,3 %, so dass der schnellere SW einen zusätzlichen Verlust von knapp 2,9 % hervorruft. Die geringere solare Aktivität hat eine Verminderung der Überlebenswahrscheinlichkeit der ENAs zur Folge, wobei mit kleiner werdender Energie der Neutralatome dieser Unterschied größere Dimensionen annimmt. Dies ist dadurch zu erklären, dass ein ENA mit geringerer Energie aufgrund seiner kleineren Geschwindigkeit eine längere Zeit dem schnelleren Sonnenwind ausgesetzt ist als ein

ENA mit höherer Energie.

Vergleicht man die kalkulierten Wahrscheinlichkeiten bei solarem Minimum mit den von *Gruntman et.al.* (2001) und *Bzowski* (2008) ermittelten Überlebenswahrscheinlichkeiten für ENAs im Energiebereich von 0,1 keV bis 6 keV, so sind diese in eingeschränktem Maße miteinander verträglich.[10] Bei Neutralatomen mit einer Energie 0,1 keV weichen die numerisch kalkulierten Werte um 56 % von den Daten von *Gruntman et.al.* (2001) und um 27 % von den Daten von *Bzowski* (2008) ab. Die Abweichung des kalkulierten Wertes für ein 1 keV - ENA entspricht im Falle von *Gruntman et.al.* (2001) ca. 10 %, während die Abweichung vom Wert von *Bzowski* (2008) bei ungefähr 23 % liegt. Für ein Neutralatom mit 6 keV weicht der kalkulierte Wert um 2 % vom *Gruntman et.al.* - Wert und um 15 % vom *Bzowski* - Wert ab.[11] Es ist zu erkennen, dass die hier kalkulierten Werte mit den Daten von *Gruntman et. al.* (2001) für hohe ENA-Energien eine hohe Übereinstimmung erzielen, während bei niedrigen Energien die Abweichung zu ausgeprägt ist. Demgegenüber wird in Bezug auf die Werte von *Bzowski* (2008) deutlich, dass die numerisch berechneten Daten für niedrige ENA-Energien besser zu diesen Werten passen, jedoch für höhere Energien der Neutralatome die Abweichungen größer sind als bei den Daten von *Gruntman et.al.* (2001).

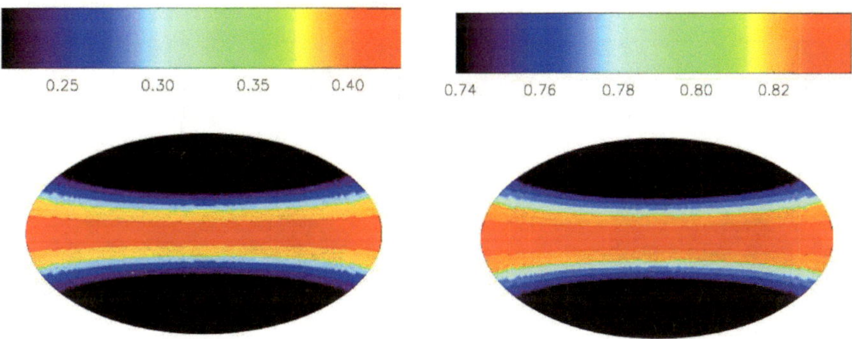

Abbildung 3.8: Darstellung der Überlebenswahrscheinlichkeit der ENAs für 0,1 keV (links) und 1 keV (rechts) als All-Sky-Map. Die Abbildungen unterscheiden sich nur in ihrer Skala, während die Symmetrien identisch sind. Die Wahrscheinlichkeit nimmt jeweils zu den Polrichtungen hin ab.

Die Verteilung der Überlebenswahrscheinlichkeit der ENAs in alle Raumrichtungen ist in Form von All-Sky-Maps für ENA-Energien von 0,1 keV und 1 keV dargestellt (Abbildung 3.8). Dabei sind die Daten von *McComas et.al.* aus Abbildung 3.6 maßgeblich für die Verteilung der Sonnenwindgeschwindigkeit bei den jeweiligen Breitengrade.[12] Der Geschwindigkeit des SW zum Zeitpunkt minimaler solarer Aktivität in der Äquatorialebene wurde ein Wert von 400 km/s zugeordnet. Zwischen einem Winkel von 10° bis 35° steigt die Sonnenwindgeschwindigkeit von 400 km/s auf 760 km/s an, bevor ab einem größeren Winkel als 35° die Geschwindigkeit annähernd einem konstanten Wert von 760 km/s entspricht. Die in Polrichtung sich ausbreitenden Regionen mit diesem

---

[10]Vgl.: Gruntman, M., et.al.: *Energetic neutral atom imaging of the heliospheric boundary region*, Journal of Geophysical Research, Vol. 106, 15767-15781, 2001.

[11]Vgl.: Bzowski, M.: *Survival probability and energy modification of hydrogen Energetic Neutral Atoms on their way from the termination shock to earth orbit*, Astronomy & Astrophysics, in press, 2008.

[12]McComas, D.J., et.al.: *Solar wind obsevations over Ulysses' first full polar orbit*, Journal of Geophysical Research, Vol. 105, 10419-10433, 2000.

schnellen SW wurden für die folgende Projektion als kegelförmig angenommen, wobei der Termination Shock bei einer Entfernung von 100 AU zur Sonne kreisförmig von diesen Kegeln geschnitten wird.

Abbildung 3.8 verdeutlicht, dass die Verteilung der Überlebenswahrscheinlichkeiten von ENAs unterschiedlicher Energien eine gleiche Symmetrie aufweisen, während sich die Werte auf den zugehörigen Skalen unterscheiden, so dass hier auf die Darstellung von All-Sky-Maps für 0,5 keV und 6 keV aufgrund dieser Identität verzichtet wurde. Die Wahrscheinlichkeiten nehmen für ein 0,1 keV - ENA von ca. 42,5 % am Sonnenäquator hin zu ungefähr 22 % für ein ausgedehntes Gebiet über den Sonnenpolen ab, wobei der Übergang zwischen diesen beiden Bereichen stufenförmig erfolgt. Dies ist auch für die Verteilung der Überlebenswahrscheinlichkeiten von 1 keV - ENAs der Fall. Der Unterschied besteht nur darin, dass die Wahrscheinlichkeiten für diese ENAs von ca. 84% auf ca. 73,5 % absinken. Aufgrund der jeweils großen Differenz zwischen dem Maximum und Minimum der Skalen sind keine feineren Strukturunterschiede der Wahrscheinlichkeitsverteilung zu erkennen, so dass in Abbildung 3.9 die Bereiche um die Sonnenpole und entlang des Sonnenäquators voneinander getrennt dargestellt sind. Dadurch werden kleinere Schwankungen in diesen beiden Gebieten sichtbar.

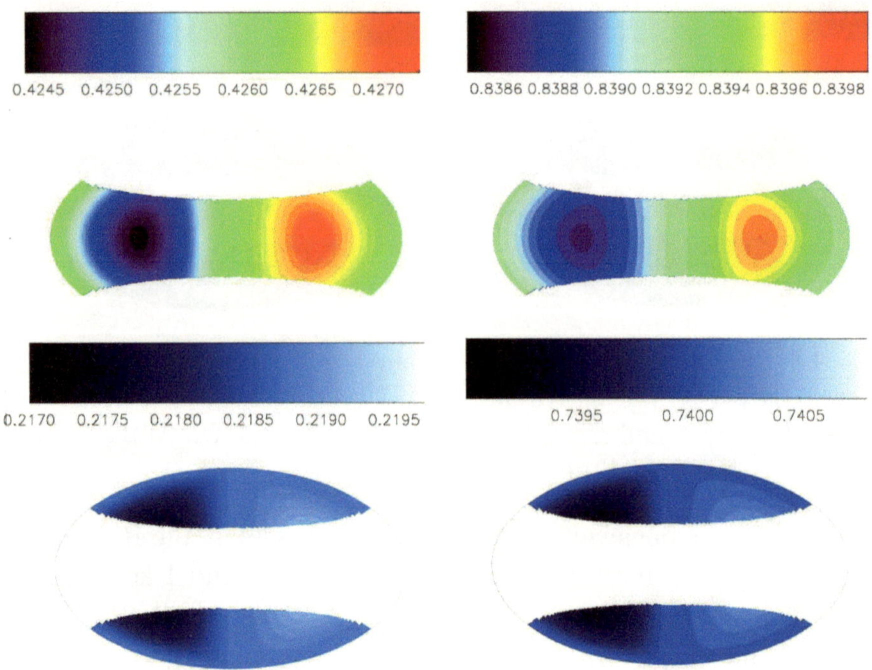

Abbildung 3.9: Darstellung der Überlebenswahrscheinlichkeit für ENAs mit einer Energie von 0,1 keV in Richtung des Sonnenäquators (links oben) und in Richtung der Sonnenpole (links unten) und für ENAs mit einer Energie von 1 keV in Richtung des Sonnenäquator (rechts oben) und in Richtung der Sonnenpole (rechts unten) als All-Sky-Map. Die linken Abbildungen lassen ein Minimum in der Downwind-Richtung und ein ausgeprägtes Maximum in der Upwind-Richtung erkennen. Die Überlebenswahrscheinlichkeit für ENAs aus den Polrichtungen (untere Bilder) ist am geringsten und unterscheidet sich um mehrere Prozent von den Wahrscheinlichkeiten im Bereich des Sonnenäquators.

Die Ausschnitte der All-Sky-Maps zeigen deutlich zwei Regionen von unterschiedlichen

Wahrscheinlichkeitsniveaus. Während das Maximum in Upwind-Richtung und das Minimum in Downwind-Richtung im Vergleich zu den All-Sky-Maps aus Abschnitt 3.1 erhalten geblieben ist, sind in Polrichtung gestufte Regionen zu erkennen. Diese Bereiche sind geprägt durch eine Wahrscheinlichkeitsdifferenz in Abhängigkeit von der Richtung. Je weiter man in die Upwind-Richtung geht umso höher wird die Überlebenswahrscheinlichkeit der ENAs, während die Wahrscheinlichkeit über die Pol-/Crosswind-Richtung hin zur Downwind-Richtung abnimmt. Diese Abnahme erfolgt dabei in der Dimension von wenigen Zehntel Prozent und kann dadurch erklärt werden, dass der von den ENAs zurückgelegte Weg hin zur Erde aufgrund der ellipsoidischen Gestalt der Heliosphäre unterschiedlich ist; d.h. der Weg ist für die Upwind-Richtung am geringsten und für die Downwind-Richtung am größten.

Die Wahrscheinlichkeitsunterschiede zwischen dem Maximum und Minimum im Bereich um den Sonnenäquator bewegen sich ebenfalls innerhalb von wenigen Zehnteln Prozent. Diese Differenzen sind jeweils auf die unterschiedliche Ausdehnung der Heliosphäre in Upwind-, Crosswind- und Downwind-Richtung zurückzuführen.

Betrachtet man die Unterschiede der Wahrscheinlichkeiten der Polgebiete und der Bereiche um den Sonnenäquator in Bezug auf die verschiedenen Energieniveaus der ENAs, so wird deutlich, dass die Kluft zwischen den beiden Regionen zwischen 20,8 Prozentpunkten für 0,1 keV - ENAs, 14,3 Prozentpunkten für 0,5 keV - ENAs, 9,9 Prozentpunkten für 1 keV - ENAs bis hin zu 2,8 Prozentpunkten für 6 keV - ENAs variiert. Die Dimension der Wahrscheinlichkeitsunterschiede der Regionen zeigt somit eine Abhängigkeit von der jeweiligen Energie der Neutralatome.

Der aufgrund der geringeren solaren Aktivität angenommene schnellere Sonnenwind an den Polen beeinträchtigt die Verteilung der Wahrscheinlichkeit zum Negativen hin. Die in Polrichtung liegenden Regionen weisen eine höhere Verlustrate an energetischen Neutralatomen aus als Regionen, die näher am Sonnenäquator liegen. Dadurch wird deutlich, dass der solare Zyklus im Hinblick auf die Verteilung der Überlebenswahrscheinlichkeit der ENAs eine nicht vernachlässigbare Rolle spielt.

3.3   Schlussfolgerungen

Die Auswirkungen der hier berechneten Überlebenswahrscheinlichkeiten der ENAs auf den Fluss der Neutralatome werden deutlich, wenn man die Veränderungen des ENA-Flusses in Verbindung mit diesen Wahrscheinlichkeiten betrachtet. Die von IBEX detektierten ENAs entsprechen dem ENA-Fluss bei 1 AU, welcher sich gerade durch diese Überlebenswahrscheinlichkeit vom zwischen Termination Shock und Heliopause ausgehenden Fluss unterscheidet. Die von *Sternal et.al.* (2008) erstellten All-Sky-Maps für den Fluss von ENAs mit Energien von 0,1 keV und 1 keV zum Zeitpunkt minimaler solarer Aktivität wurden im Folgenden mit den im oberen Teil dieser Arbeit numerisch berechneten Überlebenswahrscheinlichkeiten erweitert.[13] Zur Veranschaulichung sind die ENA-Fluss-Karten derart angeordnet, dass eine "orginale" Flusskarte neben der mit der zugehörigen Überlebenswahrscheinlichkeit erweiterten All-Sky-Map positioniert und der Fluss der Neutralatome in $cm^{-2}s^{-1}keV^{-1}sr^{-1}$ angegeben ist.

Die in Abbildung 3.10 dargestellten ENA-Fluss-All-Sky-Maps für Neutralatome mit

---

[13]Sternal, O., Fichtner, H., Scherer, K.: *Calculation of energetic neutral atom flux from a 3D time-dependent model heliosphere*, Astronomy & Astrophysics, Vol. 477, 365-371, 2008.

einer Energie von 0,1 keV zeigen deutliche Unterschiede zwischen dem von *Sternal et.al.* (2008) berechneten Fluss (links) und dem mit der Überlebenswahrscheinlichkeit erweiterten Fluss (rechts).

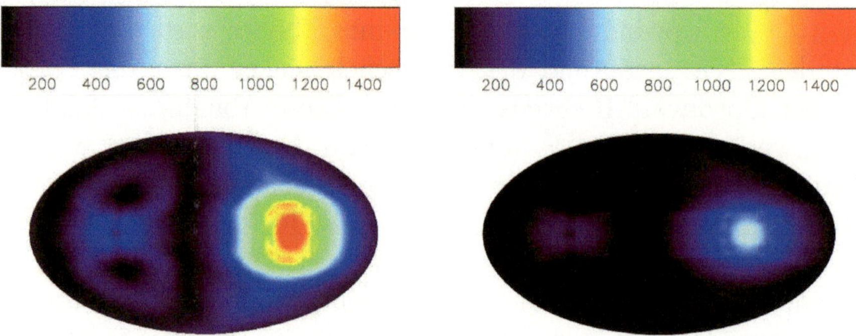

Abbildung 3.10: Links: Darstellung des ENA-Flusses für Neutralatome mit einer Energie von 0,1 keV wie er von *Sternal et.al.* berechnet wurde. Rechts: Darstellung des gleichen ENA-Flusses, jedoch mit Berücksichtigung der numerisch berechneten Überlebenswahrscheinlichkeiten. Der Großteil des ENA-Flusses in Downwind-Richtung ist verschwunden, während das Maximum in der Upwind-Richtung um einen Faktor 3 geschwächt zu sehen ist.

Es ist zu erkennen, dass das in Upwind-Richtung liegende Fluss-Maximum um einen Faktor 3 (ca. 650 $\text{cm}^{-2}\text{s}^{-1}\text{keV}^{-1}\text{sr}^{-1}$ statt ca. 1530 $\text{cm}^{-2}\text{s}^{-1}\text{keV}^{-1}\text{sr}^{-1}$) abgeschwächt ist. Je weiter man in Crosswind- bzw. Polrichtung geht umso geringer wird der Teilchenfluss, dabei ist festzuhalten, dass kein signifikanter ENA-Fluss in diesen Richtungen mehr zu sehen ist. Das Nebenmaxima des Flusses in der Downwind-Hemisphäre über dem Heliotail ist ebenfalls stark verringert und entspricht dabei einem Wert von ca. 170 $\text{cm}^{-2}\text{s}^{-1}\text{keV}^{-1}\text{sr}^{-1}$ statt der bisherigen 440 $\text{cm}^{-2}\text{s}^{-1}\text{keV}^{-1}\text{sr}^{-1}$. Es ist somit zu erwarten, dass die bei 1 AU detektierten ENAs mit einer Energie von 0,1 keV vorwiegend aus der Upwind-Richtung kommen, während der Fluss der Neutralatome aus den anderen Raumrichtungen vernachlässigbar klein ist.

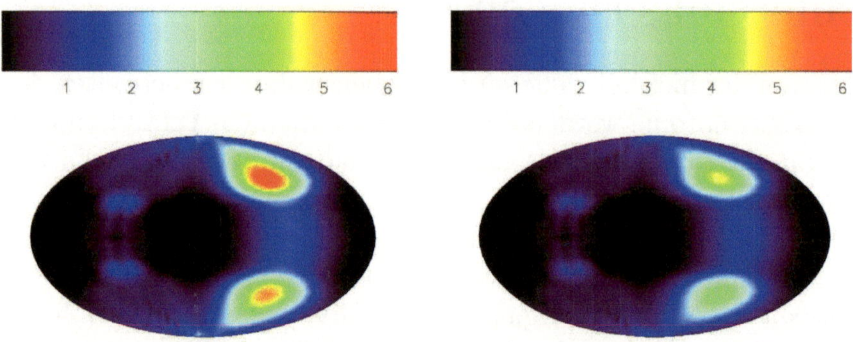

Abbildung 3.11: Wie Abbildung 3.10 nur für ENAs mit einer Energie von 1 keV. Links: Darstellung des ENA-Flusses wie er von *Sternal et.al.* berechnet wurde. Rechts: Darstellung des gleichen ENA-Flusses, jedoch mit Berücksichtigung der numerisch berechneten Überlebenswahrscheinlichkeiten. Die Abschwächung des ENA-Flusses ist hier deutlich geringer. Die beiden Maxima in der Upwind-Hemisphäre sind auf ungefähr 75 % ihres ursprünglichen Wertes geschrumpft.

Die All-Sky-Maps für den ENA-Fluss von Neutralatomen mit einer Energie von 1 keV sind in Abbildung 3.11 dargestellt. Der Großteil des ENA-Flusses ist auf ca. 75 % des von *Sternal et.al.* (2008) berechneten Wertes abgeschwächt worden. Die Verteilung der Maxima und Minima ist jedoch erhalten geblieben, so dass die zwei Fluss-Maxima im Bereich um die Pole in der Upwind-Hemisphäre weitehin zu erkennen sind, wobei ihr Wert von ca. 6,14 $\mathrm{cm^{-2}s^{-1}keV^{-1}sr^{-1}}$ auf ca. 4,69 $\mathrm{cm^{-2}s^{-1}keV^{-1}sr^{-1}}$ abgeschwächt wurde. Im Bereich um die Äquatorialebene herum sind keine oder nur geringe Flüsse, $< 1{,}5 \ \mathrm{cm^{-2}s^{-1}keV^{-1}sr^{-1}}$, zu finden. Der Fluss der energetischen Neutralatome mit 1 keV ist durch die Erweiterung mit den zugehörigen Überlebenswahrscheinlichkeiten verringert worden, jedoch ist die Dimension dieser Verringerung nicht so ausgeprägt wie für ENAs mit einer Energie von 0,1 keV. Es ist jedoch zu beachten, dass sich die Skalen für den ENA-Fluss für Neutralatome mit Energien von 0,1 keV und 1 keV um ungefähr das 200-fache voneinander unterscheiden.

Kapitel 4

Zusammenfassung und Ausblick

Die Messung und Untersuchung des Flusses energetischer Neutralatome eröffnet die Möglichkeit die Ausdehnung und Struktur der heliosphärischen Grenzschichten besser zu verstehen. Der ENA-Fluss kann durch Ionisationsprozesse, wie Ladungsaustausch und Photoionisation, derart beeinflusst werden, dass die bei 1 AU gemessenen Werte nicht mit der Produktionsrate der ENAs am Ort ihrer Entstehung übereinstimmen können. Der ENA-Fluss entspricht nach *Gruntman et. al.* (2001) dem Sichtlinienintegral entlang einer vorgegebenen Sichtline $\vec{s}$ und wurde in Kapitel 2 angegeben durch:

$$j_{ENA,i}(\vec{s}, E) = \int_{\vec{s}} j_i(\vec{s}, E) \sum_k [\sigma_{ik}(E) n_k(\vec{s})]\, P(t, \vec{r}(t))\, \mathrm{d}s$$

Maßgebend für diesen Fluss ist die Funktion $P(t, \vec{r}(t))$, welche die Überlebenswahrscheinlichkeit der ENAs auf ihrem Weg zur Erde angibt und von *Bzowski* (2008) präzisiert wurde durch:

$$P(t, \vec{r}(t)) = \exp\left[-\int_{t_{source}}^{t_{1AU}} \beta(\vec{r}(t))\, \mathrm{d}t \right]$$

Die Größe $\beta(\vec{r}(t))$ beinhaltet die sowohl durch den Ladungsaustausch als auch durch die Photoionisation entstandene Verlustrate der ENAs und wurde *Kunc* (1980) zufolge beschrieben als:

$$\beta(\vec{r}(t)) = \mathrm{AU}^2 \cdot (\beta_0 + n_{p_0} \cdot u_p \cdot \sigma_{ex}) \cdot \frac{1}{R^2}$$

Mit Hilfe dieser Formeln konnte in Kapitel 3 die Überlebenswahrscheinlichkeit der energetischen Neutralatome auf ihrem Weg auf 1 AU für zwei unterschiedliche Fälle - solares Maximum und Minimum - numerisch berechnet werden. Ausgehend von einem sich gleichmäßig mit einer Geschwindigkeit von 400 km/s in alle Raumrichtungen ausbreitenden Sonnenwind wurde die Überlebenswahrscheinlichkeit der Neutralatome mit Energien von 0,1 keV, 0,5 keV, 1 keV und 6 keV bestimmt. Dabei ist deutlich geworden, dass bei geringerer Energie der ENAs die Wahrscheinlichkeit niedrigere Werte annimmt. Während ein 6 keV - ENA zu ca. 95 % den IBEX-Detektor erreichen würde, sinkt die Wahrscheinlichkeit für ein 1 keV - ENA auf ca. 83 % hin zu 42 % für ein Neutralatom mit einer Energie von 0,1 keV. Die Überlebenswahrscheinlichkeit der ENAs zeigte somit eine starke Abhängigkeit von der Energie der jeweiligen Neutralatome.

Unter Berücksichtigung der von *McComas et.al.* (2000) bestimmten SW-Geschwindigkeiten bei einem solaren Minimum wurden die Überlebenswahrscheinlichkeiten der ENAs für diesen Zeitpunkt erneut bestimmt. Es zeigte sich eine Abhängigkeit der Wahrscheinlichkeit von der Geschwindigkeit des Sonnenwindes in der Form, dass bei erhöhter Geschwindigkeit des SW die Überlebenswahrscheinlichkeit der ENAs geringer wurde. Während der Unterschied zwischen der Wahrscheinlichkeit bei solarem Minimum und Maximum für ein ENA mit 6 keV einem Wert von ca. 3 % entsprach, stieg dieser für ein 1 keV - ENA auf ca. 10 % für ein 0,1 keV - ENA auf ungefähr 21 % an. Bei einem Minimum der Sonnenaktivität erhöhte sich die Verlustrate der ENAs an den um die Sonnenpole gelegenen Gebieten somit in besonderer Weise für Neutralatome mit niedrigen Energien.

Die Erweiterungen der von *Sternal et.al.* (2008) berechneten ENA-Fluss-Karten mit den numerisch kalkulierten Überlebenswahrscheinlichkeiten für ENAs mit Energien von 0,1 keV und 1 keV zeigen, dass der bei 1 AU detektierte Fluss im Vergleich zum ausgehenden Teilchenfluss erheblich verringert wurde. Diese Veränderung ist für ENAs mit einer Energie von 0,1 keV deutlicher als für ENAs mit einer Energie von 1 keV. Der Fluss der 0,1 keV - ENAs ist um einen Faktor 3, der Fluss der 1 keV - ENAs um ca. 25 %, im Vergleich zu den von *Sternal et.al.* (2008) berechneten Werten abgeschwächt. Die Verteilung der Flussintensitäten (Abbildung 4.1) zeigt, dass sich der 0,1 keV - ENA-Fluss größtenteils auf die Upwind-Hemisphäre beschränkt, während aus den übrigen Raumrichtungen kaum ENAs bis zur Erde gelangen. Für den Teilchenfluss von 1 keV - ENAs sind in Polrichtung zwei Maxima in der Upwind-Hemisphäre und geringere Flüsse in der Downwind-Hemisphäre sichtbar, während in der Äquatorialebene so gut wie keine Flussintensität zu erkennen ist.

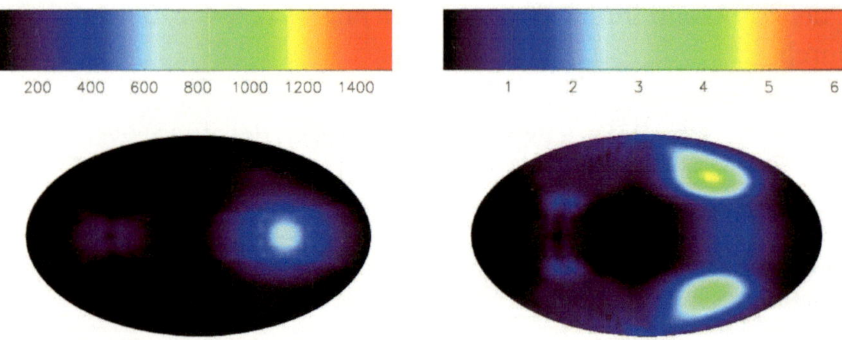

Abbildung 4.1: Darstellung des mit der Überlebenswahrscheinlichkeit erweiterten ENA-Flusses für Neutralatome mit einer Energie von 0,1 keV (links) und 1 keV (rechts) in All-Sky-Maps. Links ist das abgeschwächte Maximum in Upwind-Richtung für 0,1 keV - ENAs zu sehen, während rechts die beiden Maxima in der Upwind-Hemisphäre für ENAs mit 1 keV zu sehen sind.

Die am voraussichtlich 05. Oktober 2008 startende *Interstellar Boundary Explorer*-Sonde (IBEX) wird die ersten Messungen der Flüsse energetischer Neutralatome in Erdnähe durchführen und so nach den in-situ-Messungen der Sonden Voyager 1 und Voyager 2 neue Erkenntnisse über die aus den heliosphärischen Grenzschichten stammenden ENAs liefern. Die von IBEX mit den Kameras IBEX-Hi und IBEX-Lo innerhalb eines Jahres detektierten ENAs mit Energien von 0,01 keV bis 6 keV werden für die Erstellung einer vollständigen Himmelskarte ausgewertet. Diese Himmelkarte verdeutlicht dabei die Intensität der ENA-Flüsse in Abhängigkeit von der jeweiligen Flussrichtung, indem ENAs aus allen Raumrichtungen bei 1 AU aufgezeichnet werden. Die so detektierten ENAs haben auf dem Weg vom Ort ihrer Entstehung hin zur Erde höchstwahrscheinlich an keinem Ionisationsprozess - Ladungsaustausch oder Photoionisation - teilgenommen und sind deshalb bis auf 1 AU gelangt, während ein anderer Teil der ENAs Wechselwirkungspartner eines solchen Ionisationsprozesses wurde und nicht mehr von IBEX detektiert werden konnte. Die von IBEX erstellten Himmelskarten müssen demzufolge in Bezug auf die Überlebenswahrscheinlichkeit der energetischen Neutralatome in dem Sinne erweitert werden, dass die Verlustrate der ENAs mitberücksichtigt wird. In Abhängigkeit von der Energie der Neutralatome schwanken diese Verluste zwischen ca. 5 % (für 6 keV - ENAs) bis hin zu ca. 58 % (für 0,1 keV - ENAs). Die in Abbildung 4.1 dargestellten Himmelskarten in Aitoff-Projektion zeigen mögliche von der IBEX-Sonde gemessene ENA-Flüsse für ENA-Energien von 0,1 keV (links) und 1 keV (rechts), während die in Abbildung 4.2 dargestellten All-Sky-Maps aufzeigen sollen, wie der tatsächliche ENA-Fluss für die in Abbildung 4.1 dargestellten Fälle ausgesehen haben könnte, bevor Neutralatome durch Ionisationsprozesse verloren gegangen sind.

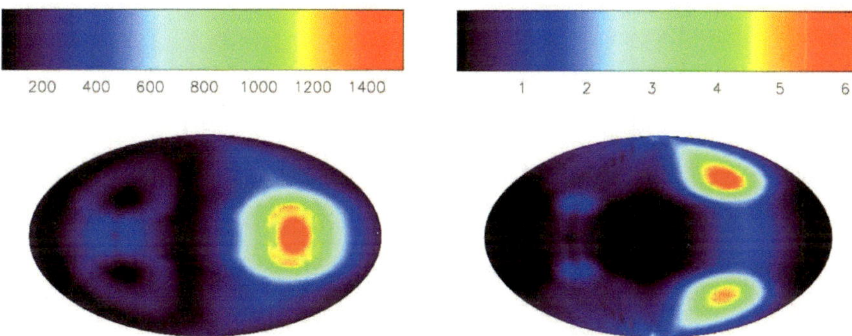

Abbildung 4.2: Der Teilchenfluss von ENAs mit einer Energie von 0,1 keV (links) und 1 keV (rechts) ohne Berücksichtigung der Überlebenswahrscheinlichkeit dargestellt in All-Sky-Maps (siehe *Sternal et.al.* (2008)). Dies wäre der eigentliche ENA-Fluss, wenn die IBEX-Sonde Teilchenflüsse wie in Abbildung 4.1 messen würde.

Die mit Hilfe der IBEX-Sonde gewonnenen Ergebnisse werden dazu beitragen die Modelle und Simulationen der Heliosphäre für ein besseres Verständnis ihres Aufbaus und ihrer Bedeutung, für den von ihr umgebenen Raum, zu optimieren. Die Struktur der heliosphärischen Grenzschichten kann insbesondere durch die Untersuchung des ENA-Flusses besser verstanden werden. Bisherige Messungen ließen allerhand Spekulationen bezüglich des Aufbaus der Heliosphäre zu, die erst durch die in Verbindung mit der IBEX-Mission gesammelten Daten relativiert oder erhärtet werden können. Die Erforschung der Heliosphäre ist erst an ihrem Anfang. Man darf mit Spannung in die Zukunft blicken.

Anhang A

Geschriebene Programme

- Auszug aus dem für FORTRAN 77 geschriebenen Programm zur Berechnung der Überlebenswahrscheinlichkeit der ENAs:

```
OPEN (8,file='geschw.verlust')
OPEN (10,file='lambda.verlust')
OPEN (2,file='rand.ellipse')
OPEN (13,file='aitoff.verlust')
do i = Emin,Emax,Estep
 READ (8,*) geschw(i)
 READ (10,*) l(i)
  do k = 0,azahl,1
  READ (2,*) phi(k),rad(k)
  sprung = 0
  do j = 0,300,1
  R(j) = 1+j
   if(R(j).ge.rad(k)) then
   R(j) = rad(k)
   sprung = 1
  end if
  if(k.le.99) then
    gphi(k) = datan(rs/(rs+20)*dabs(dtan(phi(k))))
    x(j) = R(j)*dcos(gphi(k))
    y(j) = -R(j)*dsin(gphi(k))
   else
    gphi(k) = datan((rs+120)/(rs+20)*dabs(dtan(phi(k))))
    x(j) = R(j)*dcos(gphi(k))
    y(j) = R(j)*dsin(gphi(k))
   end if
  Integ(i) = (l(i)*AU/geschw(i))*((rad(k)**(-1))-(R(j)**(-1)))
  P(i) = dexp(Integ(i))
    if(R(j).le.1) then
     WRITE (13,'(f50.40)') P(i)
    end if
   if (sprung.eq.1) goto 100
```

```
          enddo
  100    continue
         enddo
        enddo
        CLOSE(8)
        CLOSE(10)
        CLOSE(2)
        CLOSE(13)
```

- Auszug aus dem für IDL geschriebenen Programm zur Erstellung einer All-Sky-Map in Aitoff-Projektion:

```
t = 39800
; ----------------------------------------------------------------
; Koordinaten einlesen
; ----------------------------------------------------------------
openr, 18, 'koord.aitkreis'
xkl = dblarr(t)
ykl = dblarr(t)
wkl = dblarr(t)
wklmin = 100
wklmax =-100
for i = 0,(t/2)-1 do begin
readf,18, xkli,ykli,wkli
xkl(i) = xkli
ykl(i) = ykli
wkl(i) = wkli
if (wkl(i) lt wklmin) then begin
wklmin = wkl(i)
endif
if (wkl(i) gt wklmax) then begin
wklmax = wkl(i)
endif
end
for i = t/2,t-1 do begin
readf,18, xkli,ykli,wkli
xkl(i) = xkli
ykl(i) = ykli
wkl(i) = wkli
if (wkl(i) lt wklmin) then begin
wklmin = wkl(i)
endif
if (wkl(i) gt wklmax) then begin
wklmax = wkl(i)
endif
end
close, 18
```

```
; ------------------------------------------------------------------
; Plot der Projektion
; ------------------------------------------------------------------
x = dblarr(t)
y = dblarr(t)
w = dblarr(t)
for i = 0,(t/2)-1 do begin
 x(i) = xkl(i)
 y(i) = ykl(i)
 w(i) = (wkl(i)-wklmin)/(wklmax-wklmin)
end
for i = t/2,t-1 do begin
 x(i) = xkl(i)
 y(i) = ykl(i)
 w(i) = (wkl(i)-wklmin)/(wklmax-wklmin)
end
; ------------------------------------------------------------------
; Plot der Daten
; ------------------------------------------------------------------
loadct, 39
contour, w,-x,y, /irregular,/noerase,/fill,/downhill $
        ,levels=findgen(256)/255                        $
,XRANGE=[-4,4] $
,YRANGE=[-4,4]
; ------------------------------------------------------------------
; Farbbalken
; ------------------------------------------------------------------
xbar = dblarr(256,2)
ybar = dblarr(256,2)
zbar = dblarr(256,2)
vec = wklmin+findgen(256)*(wklmax-wklmin)/255
for i=0,255 do BEGIN
 for j=0,1 do BEGIN
  xbar(i,j) = wklmin+i*(wklmax-wklmin)/255.0
  ybar(i,j) = j*1.0
  zbar(i,j) = xbar(i,j)
endfor
endfor
!x.range = [wklmin,wklmax]
!y.range = [0,1]
!y.style = 4
contour, zbar,xbar,ybar, /noerase, $
levels=vec, position=[0.20,0.80,0.9,0.9], $
c\_colors=findgen(256), /fill
!y.style = 1
```

Literaturverzeichnis

[1] Bzowski, M.: *Survival probability and energy modification of hydrogen Energetic Neutral Atoms on their way from the termination shock to earth orbit*, Astronomy & Astrophysics, in press, 2008.

[2] Fahr, H.J., Fichtner, H., Scherer, K.: *Theoretical aspects of energetic neutral atoms as messengers from distant plasma sites with emphasis on the heliosphere*, Rewiews of Geophysics, Vol. 45, 1-38, 2007.

[3] Garlick, M.A.: *Der grosse Atlas des Universums*, Stuttgart 2006.

[4] Gruntman, M.: *Anisotropy of the energetic neutral atom flux in the heliosphere*, Planetary and Space Science, Vol. 40, 439-445, 1992.

[5] Gruntman, M.: *Energetic neutral atom imaging of space plasmas*, Review of Scientific Instruments, Vol. 68, 3617-3656, 1997.

[6] Gruntman, M., Roelof, E.C., Mitchell, D.G., Fahr, H.J., Funsten, H.O., McComas, D.J.: *Energetic neutral atom imaging of the heliospheric boundary region*, Journal of Geophysical Research, Vol. 106, 15767-15781, 2001.

[7] Kopernikus, N.: *De Revolutionibus Orbium Coelestium*, Nürnberg 1543.

[8] Kunc, J.A.: *Survival probabilities for interstellar hydrogen flowing into the interplanetary system from far regions of the helisphere*, Planetary and Space Science, Vol. 28, 815-821, 1980.

[9] Lindsay, B. G.; Stebbings, R. F.: *Charge transfer cross sections for energetic neutrals atom data analysis*, Journal of Geophysical Research, Vol. 110, A 12213, 2005.

[10] McComas, D.J., Barraclough, B.L., Funsten, H.O., Gosling, J.T., Santiago-Munoz, E., Skoug, R.M., Goldstein, B.E., Neugebauer, M., Riley, P., Balogh, A.: *Solar wind obsevations over Ulysses' first full polar orbit*, Journal of Geophysical Research, Vol. 105, 10419-10433, 2000.

[11] Research Systems Inc.: *Using IDL*, IDL Version 5.1, Boulder 1998.

[12] Rucinski, D., Cummings, A.C., Gloeckler, G., Lazarus, A.J., Möbius, E., Witte, M.: *Ionisation processes in the heliosphere - rates and methods of their determination*, Space Science Reviews, Vol. 78, 73-84, 1996.

[13] Scherer, K., Fahr, H.J.: *Energetic neutral atom fluxes from the heliosheath varying with the activity phase of the solar cycle*, Astrophysics and Space Sciences Transactions, Vol. 1, 3-15, 2004.

[14] Schneider, P.: *Einführung in die Extragalaktische Astronomie und Kosmologie*, Berlin 2005.

[15] Sternal, O., Fichtner, H., Scherer, K.: *Calculation of energetic neutral atom flux from a 3D time-dependent model heliosphere*, Astronomy & Astrophysics, Vol. 477, 365-371, 2008.

[16] Sternal, O.: *Berechnung der Flüsse energetischer Neutralatome aus der heliosphärischen Grenzschicht*, Diplomarbeit, Bochum 2005.

[17] Wehnes, H.: *FORTRAN 77 - Strukturierte Programmierung mit FORTRAN 77*, München, Wien 1992.

[18] Wirth, M.: *Der Wirkungsquerschnitt bei Ladungsaustausch in astrophysikalischen Modellen*, Staatsarbeit, Bochum 2006.

[19] http://www.nasa.gov (Stand: 07.07.2008)

[20] http://www.ibex.swri.edu (Stand: 07.07.2008)